"绿宝瓶"科普系列丛书

新能源卷

丛书主编◎郭曰方
执行主编◎凌　晨

风动星球

贾　飞◇著
侯孟明德◇插图

U0324273

山西出版传媒集团
山西教育出版社

图书在版编目（CIP）数据

风动星球 / 贾飞著. — 太原：山西教育出版社，
2021.1
（"绿宝瓶"科普系列丛书 / 郭曰方主编. 新能源
卷）
ISBN 978 – 7 – 5703 – 0022 – 8

Ⅰ. ①风… Ⅱ. ①贾… Ⅲ. ①风力能源—青少年读物
Ⅳ. ①TK81 – 49

中国版本图书馆 CIP 数据核字（2021）第 011591 号

风动星球
FENGDONG XINGQIU

策　　划	彭琼梅	
责任编辑	裴　斐	
复　　审	韩德平	
终　　审	彭琼梅	
装帧设计	孟庆媛	
印装监制	蔡　洁	
出版发行	山西出版传媒集团·山西教育出版社	
	（太原市水西门街馒头巷 7 号　电话：0351-4729801　邮编：030002）	
印　　装	山西三联印刷厂	
开　　本	787 mm × 1092 mm　1/16	
印　　张	6	
字　　数	134 千字	
版　　次	2021 年 3 月第 1 版　2021 年 3 月山西第 1 次印刷	
印　　数	1 – 5 000 册	
书　　号	ISBN　978 – 7 – 5703 – 0022 – 8	
定　　价	28.00 元	

如发现印装质量问题，影响阅读，请与山西教育出版社联系调换。电话：0351-4729718

目录

新能源 新未来

同学们，你们知道吗？我们的人类社会能够正常运转，离不开能源。可以说，能源是维持我们生活非常重要的物质基础之一，攸关国计民生和国家安全。

在过去，煤炭虽然为我们的生活做出了巨大贡献，但是也给我们的生存环境造成了极大的污染。目前，我国能源消费总量居世界第一，但总体上煤炭消费比重仍然偏高，清洁能源比重偏低。全世界都在积极地寻找对环境影响比较小的清洁能源，我们的国家怎么能落后呢？所以，我国的科学家也在努力地开发新能源，以还一个碧水蓝天的世界给我们。

新能源属于清洁能源，开发利用不会污染环境，并且能够循环使用，对降低二氧化碳排放强度和污染物排放水平有重要作用，也是建设美丽中国、低碳生活的关键。这套"绿宝瓶"丛书，正是从节约能源的角度，介绍近年来新能源的开发和利用，包括太阳能、风能、水能、核能、生物质能、燃料电池（氢能）等，比较全面和系统。

近年来，我国新能源的开发利用规模扩大得非常快，水电、风电、光伏发电累计装机容量均居世界首位，核电装机容量居世界第二，在建核电装机容量世界第一。即便如此，我们也不能骄傲，我们与习近平总书记提出的"二氧化碳排放力争于2030年前达到峰值，努力争取2060年前实现碳中和"这个目标要求仍有很大差距。为了达到这个目标，我们的政府积极制定了很多措施，要在供给侧坚持高碳能源清洁化，清洁能源规模化，还要在需求侧坚持节约能源，不仅仅要在工业、交通、运输、建筑、公共机构等高耗能领域推广节能理念，采用节能技术，更要推动可再生能源等替代化石能源。

同学们，你们是国家的未来，相信你们在读完这套丛书之后能更好地了解新能源知识，并且为把我国建设得更加美丽而身体力行。

加油！

国家能源集团低碳研究院 庞柒

引言 有谁见过风？

有谁见过风？

有谁见过风？

不是我也不是你；

一旦树摇叶婆娑，

顿觉飘然风乍起。

有谁见过风？

不是你也不是我；

但当树木低头时，

便是一阵风吹过。

[英]克里斯蒂娜·罗塞蒂

风，是最常见的自然现象了。我们知道有大风、小风、春风、冷风、台风、飓风……每天我们都会和风打交道。跑步跑得快一点，我们自己也能带起一阵风！

那么，风到底是什么呢？风就是空气的流动，是由太阳辐射形成的一种自然现象。太阳光照射在地球表面上，地表温度升高，地表的空气受热膨胀变轻后上升；热空气上升到高处后遇到冷空气，会变冷变重，重新落下去；落下去的冷空气因地表温度较高又会加热上升……这样反复循环，空气流动起来，就产生了风。

任何物质只要一动起来，就会产生动能，风当然也不例外。**风的动能就是风能了。**只要有空气的运动，就会有风，就会带来风能，所以风能是一种可再生的自然能源，而且取之不尽，用之不竭。

风速和空气的密度决定了风能的大小。

我们知道，地球被厚厚的空气包裹着，这些空气的运动非常复杂，所以地球上风的运动也挺复杂，各种方向、各种强度的风蕴含着巨大的风能。据估计，整个地球上可以利用的风能，比水能总量还要多上10倍。

这么大的能量，我们人类不用白不用。但是，怎么用呢？

在这本书中，我就会给大家介绍人类怎么利用风能。风能主要用于发电，顺便也用来做些其他事情。

下面就用我国唐代诗人李峤的《风》来开始我们的探寻风能之旅吧！

解落三秋叶，能开二月花。

过江千尺浪，入竹万竿斜。

如果我们穿越回古代，回到东晋穆帝永和九年，即 353 年 3 月 3 日，一定会遇到一个好天气。因为著名书法家王羲之在《兰亭集序》中记述了这一天"天朗气清，惠风和畅"，意思是天气晴朗，空气清新，和风温暖。

"惠风"是和风的意思。
和风是什么样的风呢？

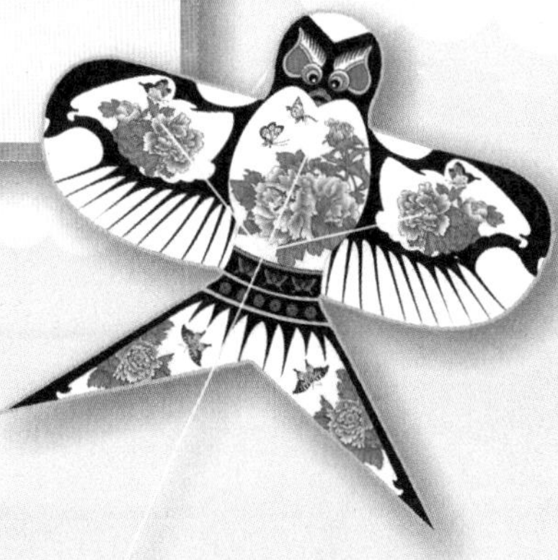

和气的风？

和睦的风？

和美的风？

好啦，别猜了，都猜错了！

和风是指速度很慢刮不起尘埃的风。暖和的风、南风、春风等都是古人感受到的和风。

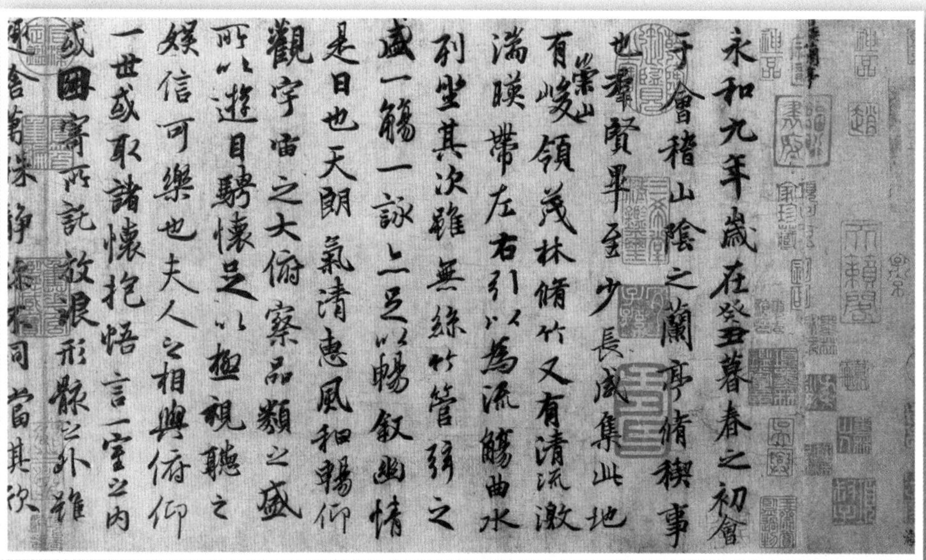

《兰亭集序》

5

当然了，大自然的风不仅仅和风这一种，我们常常听说的还有狂风、台风、飓风等好多种。

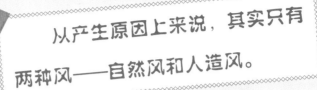

从产生原因上来说，其实只有两种风——自然风和人造风。

自然风嘛，就是大自然中产生的自然现象。上文中提到的王羲之描写的"惠风"属于自然风，给人类的生命和财产带来损失的台风当然也属于自然风。

台风来临时

人造风嘛，顾名思义，就是通过一定的机械装置人为强制空气流动产生的风。

电风扇和空调都是造风能手，它们还能根据你的需求制造强度不同的风，厉害吧？

其实要想造更大的风也没问题，我们现在能够人工制造速度为每小时 560 千米的风，但这需要耗费巨大的能源，而且持续时间很短。这就是风洞。

2018 年，中科院北京高温气动力国家重点实验室研发出世界最高技术水平的新型风洞，风洞中的风速为 10 ～ 25 马赫，最高可达 30 马赫。马赫数是速度与声速的比值，1 马赫就是 1 倍声速。新型风洞的最低速度在每秒 3400 米以上，远远超过了声速。**风洞可是研制新型飞行器必需的实验装备！**

JF12 超高音速激波风洞

不过，目前人类造风的本领和大自然相比还是差了很远。大自然的风可以轻易达到人类现在造出的风的速度。1999 年 5 月在美国发生的一场龙卷风，研究人员测到的最快风速是每小时 513 千米。这还是一般等级的龙卷风，如果碰到飓风级别的龙卷风，那简直就是毁天灭地的大灾难。

这么巨大的风力，一定要为我们人类所用。地球上的一切自然资源，可不能浪费了。

龙卷风

8

蠹鱼字典

风力大小分等级

风力大小用等级区分，就是风级了。天气预报中常常说到的风力几级，采用的是英国人蒲福的分级法。他在 1805 年根据风对地面或海面物体的影响程度，将风力分为从无风到超强台风共 17 级，无风为 0 级，超强台风为 17 级。5 到 6 级大风就已经吹得人东倒西歪了，更别提高于 10 级的强风了。

不过，说起对风力的研究，我国可是比英国人早了好多好多年。3600 多年前的甲骨文中就有了表示风力强弱的记载，分为小风、大风、大槭风、骤风、大咫狂风等。到了汉朝，人们使用相风铜鸟来测量风向与风速，这是世界上记载最早的风向计。

山西大同圆觉寺塔上的相风铜鸟

相风铜鸟是一只装在五丈高长杆上的铜鸟，能够随风转动判定风向。由于战乱，相风铜鸟失传了，很多人觉得它只是一种传说。其实，很多地方还有它的存在。始建于 1158 年的山西大同圆觉寺塔，塔顶上就有一只相风铜鸟。1971 年，在河北安平县逯家庄发掘出土的一幅东汉建筑群的鸟瞰图中，有一座钟楼上也矗立着相风铜鸟，证实它从汉朝开始就存在。

　　世界上第一个给风定级的人，不是蒲福，而是我国唐代的李淳风。他官居太史令，专门负责天文观测，相当于现在的国家天文台台长。李淳风很厉害，不但是天文学家，还是数学家和气象学家。645年，他写了一本气象学著作《乙巳占》，记载了测风环境、测风工具和测风办法。李淳风将风力分为八级：一级动叶，二级鸣条，三级摇枝，四级堕叶，五级折小枝，六级折大枝，七级折木飞砂石或伐木（折木），八级则将树木连根拔起。这八级风，再加上"无风"和"和风"两个级，合为十级。这与现代气象观测学对风级的描述已经非常接近了，比英国的"蒲福风力等级"早了一千多年。

蠡鱼字典

《风速歌》

这首《风速歌》好懂易上口，描绘风力时绘声绘色。

零级风，烟直上；一级风，烟稍偏；
二级风，树叶响；三级风，旗翻翻；
四级风，灰尘起；五级风，起波澜；
六级风，大树摇；七级风，行路难；
八级风，树枝断；九级风，烟囱坍；
十级风，树根拔；十一级，陆罕见；
十二级，更少有，风怒吼，浪滔天。

风速越大，风力就越强。中心持续风速达到了每秒 17.2 米的热带气旋就成了台风。

台风是个脾气暴躁的小伙子，到处横行霸道，不守规矩。

台风发源于热带海面。那里温度高，大量的海水被蒸发到了空中，形成一个低气压中心。

随着气压的变化和地球自身的运动，流入的空气旋转起来，形成一个逆时针旋转的空气漩涡，这就是热带气旋。

只要气温不下降，这个热带气旋就会越来越大，于是就形成了台风。

不同国家和地区对台风的称呼不同。出现在北太平洋西部、国际日期变更线以西的热带气旋称台风；出现在大西洋和北太平洋东部的热带气旋称飓风。

也就是说在美国叫飓风，在菲律宾、中国、日本一带叫台风，而在南半球叫旋风。它们的名称虽然不同，本质却都相同，都是热带气旋。

地球上每年都会产生很多次台风，刮过很多国家和地区。为了了解台风踪迹，方便避难和防灾，这些台风的称呼必须统一。于是，就需要给台风取名字。山竹、温比亚、丹娜丝、百合，这些词之间有什么联系？它们都是台风的名字！

台风的名字可不是随便乱起的，它们相当有历史渊源和现实讲究。

从太空俯瞰正在生成中的台风"潭美"

蠹鱼字典

给台风起名字

给台风命名的机构叫国际台风委员会，办公地点设在我国澳门。国际台风委员会有包括我国在内的14个成员国家和地区，每个成员各提供10个名字，根据台风的产生地和途经地，轮流使用。

该机构规定每个名字不得超过9个字符，且好念好发音。名字还得尽量温和，以祈求造成的伤害小一点。提供的名字不能有不吉利的含义，而且不能用商业机构的名字，以免有做广告的嫌疑。

如果某次台风带来的损害太大，它的名字就不再使用。比如"龙王"是个好名字，但在2005年，台风"龙王"造成了上百人死亡，给福建省造成了70多亿元人民币的损失。"龙王"这个名字就被永远地定格在2005年，取而代之的是"海葵"。

台风是一种巨大的自然灾害，但显示出了风的巨大威力。能不能将台风的风能收集起来加以利用？科学家和工程师目前还没有办法对付台风。不过，他们已经有了收集普通风所含风能的好办法，就是使用风车发电。

风力发电是目前我们对风能最有效的利用方式了。我们以前用风能做过很多事情，这还得从公元前开始谈起。

我国是世界上最早利用风能的国家之一。

我国人民很早就利用风力提水、灌溉、磨面，制作风帆拉动船舶前进。

东汉学者刘熙在他的著作《释书》中写道："帆，泛也，随风张幔曰帆。"说明我国人民在1800多年前就会利用风帆驾船了。风帆的使用还可能更早，因为在公元前475年至公元前221年的战国时期，我国就有使用船的记录了。既然有船，那么用帆的可能性就很大了。

明末清初中国赴日本从事贸易的帆船

汉代，人们利用风力设计了较完备的谷物清选农具——风扇车。利用质量不同的物体在同等风力下被吹得远近不同的原理，借助自然风或人造风把粮食籽粒和秸秆、谷糠等杂物分开，达到"取精去粗"的目的。

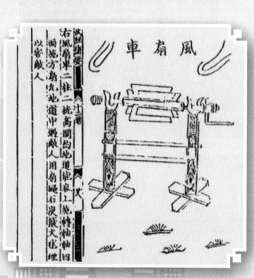

古书中记载的风扇车

古代，在冶金方面风能的主要用途就是鼓风冶金。
辽宁省凌源市牛河梁出土文物是这方面最早的实物发现。文物中的冶铜炉壁（距今 3000 ～ 3500 年）残片上带有鼓风孔。古代主要的鼓风设备有皮囊、木扇式风箱、活塞式风箱等。

通过鼓风设备产生人造风，将有一定压力的气流输入冶金炉内，不仅能使燃料充分燃烧，提高燃料的利用率，还能增强气流穿透炉内燃料层的能力，提高冶炼的效率。

古代鼓风冶金

在有些乡村，现在仍然可以见到能提水的风车，据说这种装置是周朝的姜子牙发明的，这一说法现在无法考证。史料表明，宋朝是我国应用风车的全盛时代，当时流行的垂直轴风车一直

到今天仍在使用。这种风车的叶片是由竹子、布片或者其他材料制成的，一片一片垂直地插在轴上，风吹叶片转动后，带动风车连接的装置干活儿。7世纪，西亚一带利用垂直轴风车碾米；10世纪，伊斯兰人用风车提水；13世纪，风车从中东传至欧洲，成为欧洲不可缺少的动力机械。

古代垂直轴风车的复原模型

现在我们的风力发电机也有垂直轴的，不过工艺完全不同了。

全世界都有风，因此各地独立制作出的风车可能只是在外形和材料上有差异。

荷兰被称为"风车之国"，给人留下的印象就是遍地风车。风车先用于莱茵河三角洲湖地和湿地的抽水，以后又用于榨油、锯木、磨面等事情。

荷兰的风车磨坊

发电机和电动机问世后，风车一时间不再那么有用了，因为受风力影响，它的工作状态不稳定，工作效率也不高。

直到人们研制出风力发电机，风车才重新回到能源舞台。在远离电网、地广人稀的地方，比如农村、海岛、草原牧场，风力发电有着独特的优势。

什么优势呢？我们下章细细分解。

想着更多让孩子着迷的科普小知识吗？
★活泼生动的科技能源百科
★有趣易懂的科普小知识
微信扫码

二　捕风的人

我们驾车从北京出发，经八达岭高速公路出居庸关后，再转京张高速公路朝西北方向行驶，就能看到公路旁碧蓝的湖水，还有湖水旁高高耸立的一台台风力发电机，这就是官厅水库和它的风力发电场。

官厅水库位于河北省张家口市和北京市延庆区的交界处，这里有一个著名的狼山风口。**狼山风口的风有多大？当地人说**："**一年一场风，从春刮到冬。**"科学测量表明，这里每年的平均风力都在 7 级以上。这个地方，一直很荒凉，没法好好种庄稼，却适合修建风电场。

官厅水库风力发电场

现在，风电场建立起来了。大风蕴含的能量通过风力发电机变成清洁的电能，源源不断地输送到北京。整个发电过程，基本上没有对环境产生污染。如果给风能标一个颜色的话，它将是纯净的白色。

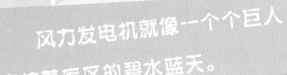

风力发电机就像一个个巨人，守护着库区的碧水蓝天。

像这样的发电厂，全国不知道还有多少。

风力发电机是什么样子的呢?

我们就以官厅水库风力发电场的风力发电机为例，来说说现代化的风力发电机是什么样子的，工作人员又是如何管理它们的。

大家都知道，越高的地方风力越大，所以为了获得更多的风能，风力发电机要安装在高达70米的基座上。**这个基座是纯钢的，很坚固，抗得住大风。**支撑风叶叶片的塔架（也叫塔柱）就安装在基座上。塔架顶部除了有三片风叶，还有风力发电机。

千万别嫌风叶少，每片风叶可都是将近40米长、5吨多重的庞然大物。这些叶片由玻璃钢制成，既轻便、结实，又经得起西北风的强劲吹动。

安装和运输风叶很不容易。风叶太大，必须要用超大的卡车运输。如遇到高速公路上的弯道，大卡车还要停下来倒几次车才能通过。

运输中的风力发电机的叶片

丹麦建成的全球最大风力发电机，叶片长达 80 米

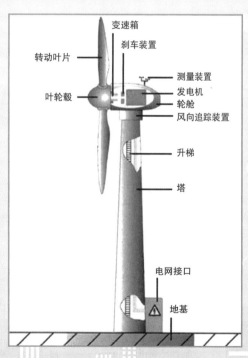

变速箱
刹车装置
转动叶片
测量装置
发电机
叶轮毂
轮舱
风向追踪装置
升梯
塔
电网接口
地基

风力发电机的结构示意图

23

如果大家注意观察，就会发现风车群中的每个风力发电机的方向都不太一样，这是因为每个风车点的风向不相同。

在风车顶端装有智能识别风向系统，只要风向变化，风车的叶面就会自动跟随风向进行旋转，而且叶面能够旋转360度，保证随时正对风向。

大风车的顶端装有类似于汽车手刹的刹车板。经过调试后，工作人员就会松开刹车板，风车就能自己转动起来。只要遇到速度为每秒3米以上的风，风车就能带动发电机发电。

风速达到每秒12米时，风力发电机就会处于满负荷的运转状态。

每台风力发电机的底部都有个一间房大小的变电箱。

风车发出的电的电压一般是690伏，经过变电箱升压后变成3万伏，再经过附近变电站升压至11万伏，之后汇入北京电网的康庄变电站。所有的发电、变电过程都是机器自动完成，工作人员在两千米外的中控室里监督控制。

风力发电机到底是怎么发电的呢？

风力发电机由机头、转体、尾翼和叶片四部分组成。发电原理并不复杂，大风推动叶片，叶片转动带动机头中的永磁体转子，转子绕定子切割磁力线产生电能。尾翼使叶片始终对着来风的方向从而获得最大的风能。转体能使机头灵活地转动，实现尾翼调整方向的功能。

不过，风力发电机因风量不稳定，输出的是电压为 13～25 伏的交流电，所以必须先经过充电器整流，再对蓄电池充电，使风力发电机产生的电能转变成化学能。**最后用有保护电路作用的逆变电源，把电池里的化学能转变成电压为 220 伏的交流电，这时候才算完成了发电过程。**

原理简单，实物却复杂得多。现代的风力发电机需要安装在 40 米以上高度的塔架上，除了机头、转体、尾翼和叶片这四部分外，还有齿轮、高速轴、电子控制器、冷却系统等，是一套复杂的系统。

25

蠢鱼字典

千瓦、千瓦时和功率

电流在单位时间内做的功叫作电功率，是用来表示消耗电能快慢的物理量，单位为瓦特，简称瓦，符号是 W，常用单位有千瓦（kW）。1 千瓦的电器在一个小时内耗的电功，叫 1 千瓦时，也就是我们常说的 1 度电。

用 1 千瓦时除以电器的功率，就是这个电器用 1 度电可以运行的时间。如 40 W 的电灯泡，用 1 kWh 除以 40 W，得出 25 小时，也就是说 1 度电可以让 40 W 的电灯泡亮 25 小时。1 度电还能让 2000 W 的电磁炉工作半小时、400 W 的吸尘器工作 2.5 小时……现在的电器都有节电模式，使用起来很省电。

那么，你家每天经常使用的电器，一天总共需要多少度电？

现在，发电级数在 6 位数以上的大发电站、发电厂越来越多，电能用千瓦这个单位计量有点小了。于是人们添加了一个大单位兆瓦（MW），它是千瓦的 1000 倍，还有更大的单位吉瓦（GW）和太瓦（TW）。

这台发电风车的发明者是詹姆斯教授，他在苏格兰的思克莱德大学安德森学院工作。为了给自己的度假别墅提供照明，他设计了一个带发电机的布质风车。风车叶片旋转后带动发电机工作，点亮了别墅院子中的电灯。詹姆斯的小别墅因此成为人类历史上第一座用风力驱动电力供应的房子。

詹姆斯发明的风力发电机

詹姆斯的发明很快引起了学术界和工程界的关注。有人提议用这种发电风车为城市街道提供照明，但公众对电力的不信任阻碍了这种先进思想的发展。

大西洋那边的美国却立刻认识到了风力发电的优势。

微信扫码

◀◀◀ 想看更多让孩子着迷的科普小知识吗？
★ 活泼生动的科技能源百科
★ 有趣易懂的科普小知识

1887 年至 1888 年之间，在美国俄亥俄州克利夫兰市，建筑师查理斯主持设计和建造了大型的风力发电机。

这台发电机的转子直径达到了 17 米。就算用今天的标准来衡量，它都是很大的。但是这台机器的额定功率只有 12 千瓦，与它的体积不成正比。

因为它竟然有 144 个叶片，这就影响了它的转速。

它转得很缓慢，因此发出的电功率不大。它发出的电供当地银行中的电池系统使用，还点亮了 100 盏白炽灯和 3 个弧形灯，可见这些电灯和电池所需功率也很小。一旦当地的用电需求增加，这台风力发电机就无法满足。果然，到了 1908 年，这台风力发电机因当地有了新的高效能供电系统被彻底停止使用。

克利夫兰市查理斯建造的风车

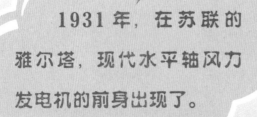

1931 年，在苏联的雅尔塔，现代水平轴风力发电机的前身出现了。

这是一个装在 30 米高的大楼上的 100 千瓦的发电机，它能够连接到本地 6.3 千伏的配电系统。这台发电机已经和现代的风力发电机很类似了。

还是1931年，达里厄风力发电机诞生了，这是最早的升力型垂直轴风力发电机。

与传统的水平轴风力发电机组不同，它具有一个不同组合设计的垂直轴，可以在没有被调节的情况下接收到任何方向的风，而且重型发电机和变速箱可以建在地面上，不用放在高高的塔上。达里厄风力发电机一直到20世纪60年代末才开始引起公众关注，与所有垂直轴风力发电机相比，它的风能利用系数最高。

不过，现在绝大多数的风力发电机还是使用横向轴，因为它们更有效率，而且用计算机控制后，降低了对保持横向轴面向风的要求。

达里厄风力发电机

1941年，美国建造了世界上第一台兆瓦级别的风力发电机。可惜，这台1.25兆瓦的风力发电机有一个薄弱环节，导致叶片运行了1100个小时后就坏掉了。而且由于当时物资短缺，这台风力发电机再也没有被修好。

风力发电机诞生后，因为它的简便和容易操作，受到了各方面的欢迎。

20 世纪 30 年代，风力发电在美国不仅为农业提供动力，它还用于给桥梁通电防止腐蚀。

第二次世界大战期间，大名鼎鼎的德国 U 型潜艇就用小型风力发电机给充电电池充电，作为补充能源。

在澳大利亚，数百个小型风力发电机为单独的邮政服务站提供电力，一直坚持到 20 世纪 70 年代。

20 世纪的前 25 年间，丹麦的风力发电在全国发电系统中占据重要份额。70 年代后，丹麦和瑞典等国在帮助我国建立风力发电系统的过程中，积累了大量数据和经验，成为风力发电应用的强国。

还是 20 世纪 70 年代，在美国很多人都希望有自给自足的生活方式。当时，太阳能电池对于小规模发电来讲太昂贵，所以人们把目光转向了风力发电机。很多农场自己架起了风力发电机。

这时候，由于运营经验的积累、技术的改进，风力发电机的运行成本已经下降了许多。大规模建立风力发电机成为可能，这就产生了风力发电场。

一个发电场矗立着几十台、几百台风力发电机，可以产生上千瓦、上兆瓦的电力。

欧洲最大的陆地风力发电场——怀特利风力发电场（Whitelee Wind Farm）

现在，由于环保的需求，人们越来越重视清洁能源，因而不仅在偏远地区会用风力发电，而且像在北京这样的大型城市附近，也有了风力发电场。

为什么风力发电机只有3个叶片？

风力发电机一般都有3个叶片，为什么不是2个或者4个？

其实，家用电风扇也有3个叶片。

原来，在风速不变的时候，发电功率与叶片扫过的面积成正比，所以就算风力发电机有100个叶片，只要它扫过的面积和1个叶片扫过的面积相同，产生出来的电就同样多。

既然同样多，那么当然选择尽可能少的叶片，这样可以节约成本，也有利于维护保养。而且叶片越多，阻力也会增大，会降低风能转化为电能的效率。

那么，风力发电机的叶片数目越少越好喽？

确实将有2个叶片的风力发电机竖直安放，发电效率可以提高一倍！但是这台发电机的结构就要特殊设计，机器的疲劳使用问题比3个叶片的发电机严重。这是由于叶片越少，转速越高，转速高到一定程度的时候，引起的风阻也大，这就限制了发电功率和转速的进一步提高。

所以，叶片太多或者太少都不好，3个叶片不多不少正合适。

2 个叶片的风力发电机

1986 年，我国第一个风力发电场——马兰风力发电场在山东荣成并网发电。这可是我国风力发电史上的一件大事。

发展火力发电、水力发电的周期普遍较长，不能马上解决缺电问题。风能发电上马最快，可以解燃眉之急，而且造价低。山东当地政府经过多方面考察论证后，决定引进丹麦的风力发电技术，购买了四台 11 千瓦的风力发电机作为示范机组。

1986 年 5 月，所有风力发电机全部安装调试完毕，并网发电。在工作人员的精心维护下，这四台风力发电机中的三台一直工作到了 2015 年。

1986 年，我国基本上不具备任何制造风力发电机的技术。马兰风力发电场起到了示范作用。

33

1986年6月至1987年5月，马兰风力发电场协同科研院校，在短时间内完成了包括气动力学、机械结构等几乎全部风力发电技术的消化吸收，并总结出定桨距、异步并网式风力发电机的实际应用价值和风力发电场选址、风力发电机布置的基本纲要。通过运营，这个风力发电场培养出数十名技术人才，积累了丰富的风能利用技术和实际应用经验。

从此以后，我国开始了风力发电场的建设以及风力发电设备的研究与制造。

山东荣成马兰风力发电场

我国国土面积辽阔，海岸线长，风能资源比较丰富。最新的风能资源评价，我国陆地可利用的风能资源约有3亿千瓦，加上近岸海域可利用的风能资源，共计约10亿千瓦。

这些风能主要分布在两个大风带，一个是东北、华北北部和西北地区，一个是东部沿海陆地、岛屿及近岸海域。

总之，我国的风能资源是取之不尽、用之不竭的。因此，发展风力发电成为国家新能源战略中重要的一部分。

在陆地上大规模地建设风力发电场，不仅可以间接地减少二氧化碳的排放，而且可以起到减缓西北风力的作用。

特别是在西北地区的大风口大规模建设风力发电场，既可以大量增加电力，又可以缓解北方地区冬春季节因扬沙和浮尘天气造成的危害。

蠢鱼字典

我国的特色风力发电场

 每一个风力发电场都是地平线上的绝美风景。从戈壁荒漠到海滨山岭,白色风力发电机的高大身影总不时显现,风扇转动间,风能就被转换为电能,送往城市、乡村,点亮无数灯火。我国有特色的风力发电场不少,这里就从中选取四个介绍给大家。

◆ 规模开发最早·新疆达坂城风力发电场

达坂城风力发电场 1

 提到达坂城,大家首先想到的可能是歌曲《达坂城的姑娘》。达坂城所在的位置正是新疆准噶尔盆地和吐鲁番盆地的通风口,南北疆的气流通道,特别适合建风力发电场,可安装风力发电机的面积在1000平方千米以上。而且这里的风速分布较为平均,破坏性风速和不可利用风速极少。一年中的 12 个月均可以开机发电，风速还很稳定——每天早晨风起，傍晚风停，与用电高峰期吻合，使用起来十分便利。

　　1988 年，利用丹麦政府赠款，新疆完成了达坂城风力发电场第一期工程。这是自治区最早的风力发电厂，也是全国规模开发风能最早的实验场。1989 年 10 月，发电厂并入乌鲁木齐电网发电，当时无论是单机容量还是总装机容量，均居全国第一。达坂城风力发电场走过了技术引进、吸收、研究，人才培训的几个阶段，经过多年的技术攻关，目前风力发电机的所有部件都已经实现国产化。

达坂城风力发电场 2

◆风景如诗画·内蒙古辉腾锡勒风力发电场

辉腾锡勒风力发电场地处内蒙古高原，这里海拔高，风力资源非常丰富，大风天天有，并且10米高度年平均风速为每秒7.2米，40米高度年平均风速为每秒8.8米，风能稳定性强而且持续性好，品质上等。

辉腾锡勒风力发电场就建在当地人称为灰腾梁的高坡上。蒙古语"灰腾"表达寒冷之意，因这里冬季寒风凛冽、夏季凉爽宜人而得名。一架架发电机就像一座座"大风车"，高高地立在原野上，与蓝天草原和谐地融为一体，成为辉腾锡勒草原的标志性景观，也是游客去黄花沟的必经之路。

这里风大丝毫不是虚传。盛夏时风机仍高速运转，秋冬时草原上更是风力强劲。1996年开始建风力发电场以来，目前已装机94台。

辉腾锡勒风力发电场缓解了京、津等地电量不足的局面，为草原带来了新的能源，要知道仅仅2017年，内蒙古全区风力发电就达到了551亿千瓦，相当于北京半年的用电量。

内蒙古辉腾锡勒风力发电场

◆ 最大陆地风力发电场·甘肃酒泉风力发电基地

甘肃酒泉风力发电基地是我国第一个千万千瓦级风力发电基地。

祁连山和马鬃山之间数百千米的河西走廊戈壁荒滩上，已经分布着大大小小几百个风力发电场，尤其以瓜州的风力发电场规模最大。瓜州风大，与北美风库、北欧风库、极地风库齐名，有"世界风库"之称。这里每年平均有1/3的时间刮7级以上的大风，从唐代至今，共有37座城池被风沙埋压，变成了废墟。从地形上说，这片戈壁与天山山脉、祁连山山脉、阿尔金山山脉以及疏勒河谷组成了一个巨大的喇叭状地形，形成气流的"狭管效应"。

瓜州是甘肃省风能储量最大的地区之一。气象部门最新的评估结果表明，瓜州风力资源量大质优，风向稳定，风能密度高，无破坏性风速，风能资源可利用面积近一万平方千米，年风能资源可开发量为2000万千瓦以上，且瓜州区域地势平坦开阔，集中连片开发面积大、交通便利、临近电网，具有开发建设大型风力发电场的优越条件。

瓜州的风电十分充裕，有一部分用于当地供暖，清洁电采暖热量非常稳定，室内温度一直保持在24℃左右，有外面北风呼啸，冰天雪地，室内温暖如春的效果。

甘肃酒泉风力发电基地

◆最高风力发电场·浙江临海括苍山风力发电场

　　我国大部分的发电场集中在西部与北部，而浙江临海括苍山风力发电场位于华东地区。该风力发电场距东海岸直线距离约70千米，三个风力发电场都修建在1250～1360米高的山上，成为世界相对海拔最高的风力发电场。括苍山风力发电场共安装风力发电机组33台，每台600千瓦，总装机容量为1.98万千瓦。

浙江临海括苍山风力发电场

　　括苍山风力发电场冬季气温低，覆冰严重；夏季湿度大，雷暴日多，这些特点对风力发电机的运行极为不利。而且山高路远，地形复杂，季节不同、地形不同使得风向也不同，风力发电机如何选位非常考验技术人员的能力。

　　临海括苍山是浙江名山之一，本身就以博大、险峻、奇秀著称。现在又增添了风力发电场的独特风景，更显魅力。

刮大风的时候，呼呼的风声常常令人厌烦。越大的风发出的声音就越大，有时会像电锯工作时发出的声音一样折磨着我们的耳朵。**风声显然不是令人愉悦的自然声响。**

那么风力发电机受风驱动，是不是也会发出巨大的响声？

要知道，3级以上的风才能吹动发电机的叶片。在那些修建风电场的大风口，常年刮的可都是6到7级的大风。

甘肃酒泉玉门三十里井子风力发电场

广西六景霞义山风力发电场

一位亲自走进西北风电场的记者这样描述："虽然天气晴朗，但站在大风车附近，一阵阵强劲的西北风还是发出怒吼般的声音，把所有人露在风里的皮肤刮得生疼，每走一步路都被吹得摇摇晃晃。"

看来，风力发电机工作时会发出"嗡嗡"的噪声。

这个噪声从哪里来的呢？

风力发电机被大风驱动高速旋转时，噪声来源主要有两个：机械传动噪声和气流噪声。

风力发电机靠叶片驱动发电机转动发电，齿轮箱传动必会产生机械传动噪声。气流噪声是经过叶片的气流和叶轮产生的尾流形成的，叶片尖部的速度是风速的 4 ~ 8 倍，会发出像汽车在高速路上疾驰的声音。

有时候，风力发电机运转的时候由于偏航齿圈和偏航电机齿轮啮合不好，也会发出很大的噪声。

偏航速度很慢，所以噪声持续两三分钟很正常。风力发电机在并网和离网时不会有特别的噪声，除接触器工作的声音比较大外，但也是瞬时的。**叶片旋转的声音更不会大到一两千米外都听得见。**

不过，随着当前风力发电机制造技术水平的提高，它运转时的分贝也在不断下降。

与目前存在的其他环境噪声，如交通、建筑和工业噪声相比，风力发电机组产生的噪声要小得多。一台一兆瓦的风力发电机，在方圆 300 米内的噪声水平约为 45 分贝。

单台风力发电机组应远离居住区至少 200 米。对于大型风力发电场，这个最小距离应该增加到 500 米。不用担心，风力发电场选址时，一般都选在远离城镇的地方，这样就不会影响居民生活。

蠹鱼字典

分 贝

分贝是一种测量声音相对响度的单位。对人耳来说，20 分贝以下很静，几乎感觉不到。超过 60 分贝就会觉得吵闹，100 分贝以上对耳朵有损害。超过 300 分贝，将导致不可修复性耳聋。

风力发电场的选址不仅要考虑风速，还要考虑面积，因为每台风力发电机占地都不小。

一个风力发电场有十几台甚至上百台风力发电机，它们的占地面积很大，而且**风力发电机之间还要有一定的距离。**

风力发电场一般会建在人烟稀少、开阔的野外，这样就不用担心噪声扰民了。

几十台甚至上百台的风力发电机整齐排布，巨大的白色塔架和旋转的风叶依次展开，气势宏伟，形成了新的风景，给人以美的感受。

可新的问题来了。由于风力发电场的选址在野外，风力发电机的排列和运转可能会惊吓到鸟类，给它们的生活、繁殖、哺育后代带来影响。

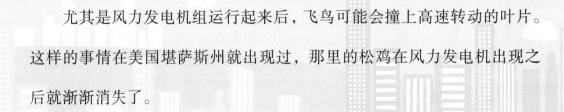

尤其是风力发电机组运行起来后，飞鸟可能会撞上高速转动的叶片。这样的事情在美国堪萨斯州就出现过，那里的松鸡在风力发电机出现之后就渐渐消失了。

特别是当候鸟迁徙的时候，不熟悉风力发电机的候鸟有可能在飞行时撞上转动中的叶片而死亡。

鸟类也有智商，本地鸟类在生活区域出现风力发电机后会主动避开，不会硬撞上去，只是需要一段时间适应。

随着技术的进步，风力发电机同等额定功率的风叶转动速度有所下降，对鸟类的伤害程度也相应有所降低。

读到这里，大家会问，风力发电不是绿色无污染能源吗？怎么还有这些问题？

我国要求所有建设项目都必须进行环境影响评价，风力发电场的建设也不例外。对风力发电场的环境影响评价中包括对鸟类，尤其是对候鸟迁徙的影响。

因此，在风力发电场选址时都会尽量避开候鸟迁徙的路线和栖息地。

美国的一项研究表明，由于风力发电机组运转造成的鸟类伤害只占各种鸟类伤害事件的 1%，因此是小概率事件。2003 年，西班牙纳瓦拉省的统计数据表明，安装在 18 个风力发电场的 692 台风力发电机造成的鸟类伤亡总数是 89 只，平均每台为 0.13 只。

相对于气候变化、交通运输等对鸟类造成的影响，风力发电机组对鸟类的影响是微不足道的。

但是风力发电有先天的不足，就是风力有间歇性，不稳定，不是说有就有，也不是长期都有的。

由于气流瞬息万变，风的大小每年、每季甚至每天都在变化，而且不同地区由于地形的影响，风力之间的差异也很大。上坡和下坡，谷地和开阔地带，可能就相距几百米，但是因为地形、地势的差异，风力都会不同。

由于风力这自带属性的缺点，造成风力发电无法持续。如果想在有些地区发展风力发电，而当地的地形决定了在电力需求较高的夏季和白天恰好风力较小，那么最终发不出多少电。

这可怎么办呢？ 这就迫使工程师们设计能储存风能的设备，把风多时候发出的电储存下来，留着少风的时候用。

风力发电还有个大缺陷，那就是能量密度低。风力来源于空气的流动，空气的密度很小，因此风力的能量密度也很小。这意味着，风力如果达不到一个数量级别，那就没有什么效果。

所以风力发电机的叶片越做越长，风力发电场要安装几十台甚至上百台风力发电机组成阵列，就是想尽可能多地获取风能。

什么是密度？

简单来说，密度就是单位上的个体分布。

一般我们说到的密度，是指单位体积内的质量，打个比方，将 1000 克青豆装在 1000 立方厘米的盒子里，盒子中青豆的密度就是每立方厘米 1 克。这是体密度，用质量除以体积就能计算出来。

还有面密度，在 100 平方米的广场上种了 100 棵梧桐树，那么广场上梧桐树的密度就是每平方米 1 棵。

上面提到的能量密度，指的是风车叶片的单位面积上产生风能的多少。

虽然风力发电的缺点不少，但与其他能源生产方式相比，比如煤炭发电、水力发电和核裂变反应发电，还是有一定的优势。

风能蕴量巨大并且分布广泛，只要在有风的地方就可以捕获风能。而且风力发电场建设投入少、建设周期短、对环境影响小。

风力发电还能促进偏远地区的经济发展和居民生活水平的提高。

为什么？因为具有风能资源的地区，特别是风能资源丰富的地区，一般情况下自然条件都比较恶劣，当地居民没有什么发展经济的条件，有时候温饱都会成问题。

风力发电很有可能是当地脱贫致富的唯一手段。

例如内蒙古的辉腾锡勒风力发电场，它所在的县 70% 的财政收入来自风力发电，当地人还发展了旅游业、土特产加工业等，这才告别了贫困，逐渐富裕起来。

辉腾锡勒风力发电场已成为当地的风景

我国是人口大国，经济发展迅速，无论是工业生产还是居民生活，都需要稳定、优质的能源供给。进入21世纪后，国内优质能源供应不足，需要进口煤炭、石油、天然气。这三种能源都是不可再生资源，我国虽然都有，但产量和质量不能满足社会需求。海关总署数据显示，2018年，我国石油全年进口量达到了4.619亿吨，连续两年成为全球最大原油进口国，购买石油花的钱已经超过了全球多数国家全年的国内生产总值（也就是我们经常听说的GDP）。

电力资源是整个国民经济的命脉。

目前，我国城乡所需电力主要依靠煤电厂发电供应。煤炭发电占了7/10还多。因而发展可再生能源，比如风能补充我国的能源缺口，是当务之急。

我国辽阔的大西北有"粗犷的荒原风"，漫长的海岸线有"腥咸的海风"，风力资源非常充沛，大力发展风力发电，可以逐步改善我国以煤炭为主的能源结构。

在世界获取电力的能源结构中，燃煤发电所占比例近三成，我国燃煤发电所占比例是世界水平的两倍多，污染物排放严重。

燃煤发电带来的污染主要是煤燃烧后排放的废渣、废气和废水。这"三废"损害电厂的周边环境，影响附近居民的身体健康。废气中的二氧化硫是造成酸雨的主要原因，对人体和动、植物均非常有害。煤燃烧后排放的废弃物如果不处置，排入江河湖海会造成水体污染。

燃煤污染

显然，风力发电不会有煤炭发电导致的污染问题。

整个风力发电过程不会产生任何污染物，而且风本身不需要成本。采煤过程耗费巨大，有时还会发生人员伤亡事故。

风力发电被称为清洁的可再生能源发电，是目前既可获得能源，又能有效减少二氧化碳排放的最佳方式。

风力发电到底能减少多少二氧化碳的排放量呢？

世界能源委员会计算得出，风力发电平均每提供100万千瓦时的电量，就可以减少600吨二氧化碳的排放。

到2020年，保守估计我国风力发电年发电量为1000亿千瓦时，那么每年减少的二氧化碳排放量会达到6000万吨，能有效改善我国的生态环境，碧水蓝天、空气清新不再是一种愿景，会成为常态。

我们生活的环境将更加美好。

微信扫码

想看更多让孩子着迷的科普小知识吗？
★ 活泼生动的科技能源百科
★ 有趣易懂的科普小知识

四　还要风电吗？

这些年，随着技术的进步，风力发电的噪声已经减小了很多，对环境的影响也能通过合理选址和布局控制到最微小的程度。

风力发电本身所具有的清洁能源的优势，使它得到了大众的支持，在世界各地都有了较大的发展。

现在，风力发电已经成为全球电力的重要来源。2018 年，全球风力发电量超过了 6 亿千瓦时。

如果用一个成语来形容我国风力发电的发展，那就是"风驰电掣"！快得令人眼花缭乱。

要知道，我国从 20 世纪 80 年代才开始发展风力发电，那时我们既没有技术也没有人才，从风力发电装备到安装、调试、维护，都没有任何经验，需要进口丹麦、瑞典等风力发电先进国家的设备，还要请对方派人来做技术指导。在这一领域我们像是刚入校门的小学生，一切都需要从头学起。

中国人的勤劳、智慧天下无双，加上我们有渴望改变自己命运的急迫感，有日夜奋战拼命工作的责任感，所以想要做的事情，就一定能做好。

在风力发电这一领域，我们引入先进技术，一边学习一边根据本土的实际情况摸索经验。在国家发展清洁能源的战略整体部署下，我国的风力发电场一个又一个地建立起来，而且发电机的数量和装机容量都越来越大，有的发电场的规模甚至超过了国外。

从无到有，从有到好，仅仅用了 40 年的时间，我国在风力发电领域从"小学生"变成了"博士"，**成为世界风能领域的先进者，拥有全世界 1/3 以上的风力发电装机容量。**

目前，我国的甘肃酒泉风力发电基地是世界最大的陆地风力发电场，装机容量在 2018 年将近 800 万千瓦，是第二大陆地风力发电场阿尔塔风能量中心（Alta Wind Energy Center）的 5 倍。

阿尔塔风能量中心

阿尔塔风能量中心位于美国加利福尼亚州，截至 2013 年，总装机容量为 154.7 万千瓦，占地面积超过了 32 平方千米。

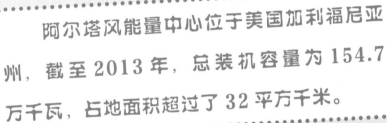
美国是风力大国，风力发电装机容量仅次于我国，全球最大的十个陆地风力发电场中有六个位于美国。

除了阿尔塔风能量中心，还有俄勒冈州的牧羊人平原风力发电场（Shepherds Flat Wind Farm），装机容量为 84.5 万千瓦，为超过 22.7 万户家庭供电。

牧羊人平原风力发电场

得克萨斯州的风力发电量占据了美国风力发电量的大半，是名副其实的风电之州。

这里耗资超过10亿美元建造的罗斯科风力发电场（Roscoe Wind Farm），为25万多户家庭提供了足够的电力，对得克萨斯州西部偏远地区来说是非常重要的能源依靠。

在欧洲，德国的风力发电装机容量最高，其最大的风力发电场戈德风力发电场（Gode Wind Farm）建在了海上。

这是一个由两个变电站平台组成的风力发电场，总共安装了97台风力发电机，装机总容量达到了58.2万千瓦，可以满足60万户家庭的用电需求。

这些风力发电机安装不易，连接它们之间的电缆就有140千米之长。

诺德赛一号（Nordsee One）海上风力发电场也在德国，它曾经是海上风力发电场中的明星，装机容量为38.2万千瓦，为40万户家庭提供能源保障。

正在安装中的戈德海上风力发电场

说到海上风力发电，英国可是这一领域的佼佼者。

全球十大海上风力发电项目英国占了六个，其中之一便是位于英格兰西北部坎布里亚郡海岸的沃尔尼风力发电场

（Walney Wind Farm），这是目前世界上最大的海上风力发电场，距离海岸 14 千米，覆盖海域面积 145 平方千米，有 87 台风力发电机。

德国诺德赛一号的装机容量还在增加，雄心勃勃的它预计全面投产后，可以取代沃尔尼海上风力发电场世界第一的地位。

沃尔尼风力发电场

法国也很重视风力发电，但它目前的能源供给以核电为主，而且核电占到了将近 2/3 的高比例。

日本福岛核电站事故后，法国政府计划减少核电，增加可再生能源的预算，在 2030 年前将陆地风力发电量增加两倍。然而，很多法国人认为风力发电机丑陋而且嘈杂，并不支持风力发电，因此法国人对政府的这个计划持怀疑态度，并不相信它会实现。

印度的贾萨尔风力发电场

在亚洲，印度是风力发电量第二高的国家，也是除中国外唯一进入世界风力发电装机容量前十名的亚洲国家。

印度拥有丰富的季风资源，建造了世界上第三大和第四大的陆地风力发电场，分别是位于南部泰米尔纳德邦的穆潘达尔风力发电场和北部拉贾斯坦邦的贾萨尔风力发电场。

它们在改善当地电力供给状态的同时，也提高了当地老百姓的经济收入。

南美地区最大的风力发电国家是巴西，并且还在不断扩大产能。风力发电在巴西的总能源结构中排名第四，占到巴西总能量的 8% 左右。

"打蛋器"风力发电机

大规模风力发电场都有几十台甚至上百台风力发电机,排列得十分有气势。运转起来的时候,更是风叶高速旋转,看得人眼花缭乱。我们给大家列举的这些发电场,安装的都是水平轴风力发电机,风叶垂直转动。有没有其他转向的风力发电机?是不是只能有这一种转动方式?

达里厄风力发电机

答案当然是否定的。只要能够达到风力发电的目的,风力发电机怎样设计都可以。之前介绍的达里厄风力发电机,设计思路与水平轴风力发电机完全不同,它采取垂直轴设计,扭曲的叶片都朝向这个垂直轴,转动的时候叶片都是水平转

64

动，就像游乐场中的木马一样。达里厄风力发电机的外形很像打蛋器，高度只有5米，直径才3米，和常见的水平轴风力发电机比起来，简直就像个袖珍玩具。

达里厄风力发电机的规模、维护和安装都更容易，降低了建造的成本，而且不会太妨碍鸟类的生活，对环境的影响更小一些。

达里厄风力发电机最大的优点是不需要特定方向的风，有风就行，可以用于风向变化比较大的场地，运行起来也比较安静。但它需要一个外加电源才能转动起来。

垂直轴风力发电机

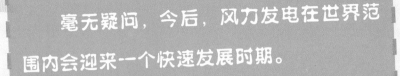

毫无疑问，今后，风力发电在世界范围内会迎来一个快速发展时期。

我们前面说了，风力发电好是好，可是有个不稳定、不持续的毛病。风来时产电"汹涌"，风没有时就一点儿电都产不出来；风力资源较大的后半夜，却又是用电低谷，生产出来的电用不上。

这种情况叫人想用风电也用不踏实，得想想万一哪天没风了怎么办。而且大功率的不稳定的风电并入电网，会引起电网电压的大幅度波动，对电网造成损害。

如果电网不能接受、消化风力发电场送来的电，怎么办？

电可不是我们吃剩下的点心，今天吃不了，可以放冰箱里明天吃。电用不了，就消失了，发出的电没用，风力发电机就白忙活了。

风力发电机能不能持续、平稳地发电，对风力发电非常重要。

风力发出的电能有时有时无的波动性，电网常常无法接受、消化风力发电，造成风力发电场发出的电无法送出，甚至出现停止风力发电机工作这样糟糕的事情。

"弃风"造成金钱和人力的浪费。这其中的原因，不仅是风电不稳定，还可能是电网接纳能力不足、风力发电场建设工期不匹配等。

在不少地区，风力发电发展过快，风力发电规模与电网接纳能力不协调，无可奈何之下，风力发电场只能"弃风"，看着风呼呼刮过，风力发电机什么都不做。

可是，风来自大自然，我们人类无法控制风。

当然能控制！ 虽说"人定胜天"有说大话嫌疑，但科学家和工程师还是找到了解决风力发电不稳定这一毛病的办法。

在一时不能提高电网接纳能力的情况下，目前适合风力发电系统、有应用前景的储能方式有多种，其中技术上比较成熟的**主要有飞轮储能、电池储能、超级电容器、压缩空气储能。**

飞轮

飞轮储能是一种机械储能方式，就是将电能转化为飞轮转动的动能，并且长期储存起来。需要用电时，再将飞轮转动的动能转化为电能。

飞轮之所以叫飞轮，是它的转速真的高达几万转。由于是将机械能转化为电能，所以飞轮储能没有污染，包括没有噪声，在使用和维护过程中，也不会产生化学垃圾。

飞轮可以无数次充放电，使用寿命十分长。轮子只要没有损坏就不会停转，即使机器有损耗，损耗的也只是部分配件，维护成本十分有限。

在美国，飞轮储能已大量应用于风力发电行业，储能飞轮将不稳定的风电转化为正常的标准电，解决由风电转速不稳定带来的电压不稳定、送电质量差等问题。

储能电池

我们生活中常用的电池一般是干电池，大部分是一次性使用。而有一类电池是用来储能的，我们习惯叫它蓄电池。这种储能电池有液流电池、锂电池、铅酸电池和镍镉电池等。

液流电池的储能容量取决于电解液的容量和密度。

配制上相当灵活，只需要增大电解液的体积和浓度，就可以增大储能容量，并且可以进行深度充放电。

蠢鱼字典

电 解 液

大电池中使用的电解液由专用硫酸和蒸馏水按一定比例配制而成，密度也有特别要求，用来充当化学电池的工作介质含有一定的腐蚀性，为它们的正常工作提供离子，并保证工作中发生的化学反应可以重复实现。

手机电池是锂电池

锂电池比较常见，小到电子手表、智能手机，大到电动汽车，都有它的身影，没有它这些电子产品就无法启动。

锂电池的优点不少，工作电压高、不怎么自放电、无环境污染、能量密度高……锂电池的种类很多，其中的**磷酸亚铁锂电池**单位价格不高、成本低，而且对环境无污染，适合大型储能系统。

铅酸蓄电池

铅酸蓄电池采用稀硫酸做电解液，用二氧化铅和绒状铅分别作为电池的正极和负极，有成本低、技术成熟、储能容量已达到兆瓦级等优点，它的缺点是储存能量密度低、可充放电次数少、制造过程中存在一定污染。**镍镉电池**也是这样，虽然能大电流放电，维护简单，循环寿命长，但是因为存在重金属污染，已被限用。

超级电容器

超级电容器又被称为超大容量电容器、双电层电容器、（黄）金电容、储能电容或法拉电容。具有充放电速度快、对环境无污染、循环寿命长、对环境温度不太计较等特点，但是它的价格太贵了。

压缩空气储能需要特定的地形条件，就是洞！在风力强、用电负荷小时，用风力发电机发出的多余电能压缩空气，并储存在洞穴中。等到无风或用电负荷增大时，就把储存在洞穴内的压缩空气释放出来，形成高速气流，带动发电机发电。

压缩空气储能发电系统的关键是洞要封得密实，不能透气。

美国西部地区也有风力发电不均衡的问题，这里夜间风力大于白天，但夜间用电量小于白天，因此风力发电机在夜间发出的电富裕，而白天不够用。

美国的研究人员提出压缩空气储能的方式，不过，他们不用洞，而是使用当地丰富的多孔岩。

风能在夜间发电驱动空气压缩机，将空气储存在地下深处的多孔岩中，需要时可以用压缩空气来发电，每月能满足 8.5 万家庭用户的用电需求。

我国是风力发电的大国，装机容量世界第一，因此急需储能技术，以使风力发电得到更高效的使用。

2018 年以来，在我国多地的风力发电场建设了配套的储能电站，调试出了最优化的发电方案。

在前面提到的"风车之国"荷兰，位于哈特尔运河上的现代化风力发电场每年发电量很大。当风力较大时，意味着生产的电力超过了当地电网的需求。为防止系统供应过剩，风力发电机可能不得不关闭。

现在，一个 10 兆瓦的电池储能系统（BESS）投入使用，这将使一个 24 兆瓦的风力发电场在供过于求的情况下仍然能继续发电。

在荷兰中部的阿列克谢王子风力发电场（Prinses Alexia Wind Farm）也安装了一个电池储能系统。技术人员将电池和风力发电机统一起来智能控制，这样产生的风能可以为整个欧洲电网的平衡找到突破口。

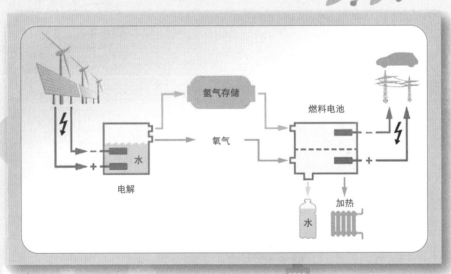

风电制氢过程示意图

除了用储能技术帮助风力发电消化生产出的电力，还能不能找到其他办法？

荷兰能源研究所联合氢气提供商和风力发电机制造商开发了杜瓦（Duwaal）项目。这是世界上第一个风力发电制氢项目。安装一台 4.7 兆瓦的风力发电机，它电解产生的氢气量可以同时为 5 个氢气燃料站和 100 辆氢气动力卡车供气。采用这种方式使得氢气的使用成本与柴油成本相当，并不昂贵。

杜瓦项目示范了在未来风力发电机如何与氢气网络连接，而不是电网。

用管道输送氢气比用电缆输送电力便宜得多，而且这种方式不产生二氧化碳，也没有噪声及其他污染物质的排放。

未来的能源基础设施可能和现在有很大的差异。

河北沽源风力发电制氢综合利用示范项目示意图

图中标注：电网　风电机组　电解槽　热电联产　氢气　储存　分配站　冷-热-电　燃气站　氢气　燃料

我国首个风力发电制氢工业应用项目是河北沽源风力发电制氢综合利用示范项目。该项目的实施要在沽源县建设 200 兆瓦容量的风力发电场，还有 10 兆瓦电解水制氢系统以及氢气综合利用系统。

风力发电制得的氢气一部分用于工业生产，降低工业制氢产业中煤炭、天然气等能源消耗量；另一部分将支持清洁能源动力汽车的发展。

微信扫码

◄◄◄ 想看更多让孩子着迷的科普小知识吗？
★ 活泼生动的科技能源百科
★ 有趣易懂的科普小知识

项目建成后，可形成年制氢 1752 万标准立方米的生产能力，坝上地区的风电就可以本地消化吸收。

海上风力发电场

碧蓝的大海上，耸立着一排排高高的白色塔筒。塔筒顶端白色风力发电机的叶片正随着微微的海风转动着。

近年来，越来越多的海上风力发电场建设起来了。

别看只是将发电场从陆地搬到了海上，却为风力发电提供了更为广阔的应用场景。海上有了电，就可以开发岛屿，建立石油钻井平台，开展海洋研究，开采海洋资源……能做的事情太多了。

可是海洋环境对风力发电机组一点都不温柔，甚至比陆地还要严厉：潮气、盐雾、高温、暴雨……每一项都给风力发电机的正常运行带来严峻考验。还有海水深度，海底的地质条件，海洋生物的种类……比陆地上的麻烦多得多，这都影响着海上风力发电场的设计，加大了设备安装、调试和维护工作的强度。

当然，和陆地上的风电一样，海上风电同样是绿色低碳可再生能源，而且比陆地上的风电储量大！

这是因为海风的风速高，离岸 10 千米的海上风速通常比沿岸高出 1/5！而且风向稳定，风力可以利用的小时数多，这样发电时间就会延长。

通常来说，陆地风力发电机的年发电利用小时数大约是 2000 小时，海上风力发电机往往能达到 3000 多小时。

好处还有呢。陆地上地形复杂，不同高度和方向上的风速常常相差很大，这就使得风电设备容易受损，主要原因是风轮上下受力不均衡，引起叶片振动、疲劳，甚至断裂。海面开阔，地形平坦，不会有这类问题，而且大容量风力发电机的叶片很长，60 米以上的叶片在陆地上的运输是非常困难的，在海上就没有这个顾虑，可将叶片从工厂直接海运至风力发电场进行安装。

我国近海风能资源丰富，拥有 18000 多千米长的大陆海岸线，可利用的海域面积多达 300 多万平方千米，是世界上海上风能资源较丰富的国家之一。

根据调查，我国近海 100 米深度为 5 ～ 25 米的区域，风能资源技术开发量约为 2 亿千瓦，5 ～ 50 米水深区的开发量约为 5 亿千瓦。

与远在西北地区需要长途运输的陆地风力发电不同，海上风力发电不需要太远的电力运输就能传送到东南沿海地区——这些地区经济发达，对电力需求大，但土地资源紧缺，人口密度大，又对环境要求高，因此清洁无污染的风电最适合了。

凡事有利就有弊。海上风力发电相比陆地风力发电优势不少，可是问题也不少。

发电机在海里，需要更复杂的运行维护，尤其要更多考虑天气因素的影响，海洋环境变幻莫测，对设备的可靠性要求非常高。

海上风力发电机不能照搬风力发电机在陆地上的研发、制造、运行维护经验，需要一套全新的技术支持。

一旦海上风力发电机组出现故障，想要登上机组检修，就得靠天时地利。我国东南沿海区域，一年中只有 100 多天具备适合风力发电的条件，由此产生的各种费用都会增加海上风力发电的运营成本。

我国海上风力发电建设比陆地风力发电晚了很多年。2007年，在渤海湾离岸70千米、约30米深的海水中，竖立起我国第一座海上风力发电站，装机容量只有1500千瓦，还是试验样机。

这座由中国海洋石油总公司自主设计、建造安装的风力发电站通过一条5千米长的海底电缆与渤海"绥中36-1"油田的中心平台连接，为平台供电。这座发电站投入使用后，每年将减少油田的柴油消耗量1100吨，二氧化碳排放量3500吨，二氧化硫排放量11吨，节约了能源，减少了环境污染。

我国第一座海上风力发电站

虽然起步晚，但我国海上风力发电发展速度很快。辽宁、天津、山东、江苏、上海、浙江、福建、广东这些省市的海域都有海上风力发电项目。**尤其是江苏，海上风力发电装机容量很大。**

东海大桥海上风力发电场

　　2010 年，上海在连接浦东和洋山深水港的东海大桥旁修建海上风力发电场，它是国内第一个也是除欧洲外第一个海上风力发电场，从勘探设计到主机制造直至设备安装，全部都是由中国人自己完成的！

　　2015 年 9 月东海大桥风力发电场二期工程投入商业运营，加上并网发电的一期工程，这座海上风力发电场共拥有 62 台风力发电机，总装机容量达到 20 万千瓦，每年发出近 5 亿度电，通过海底电缆输送到 70 千米之外的上海市。

截至 2018 年，我国海上风力发电新增装机容量达到 165 万千瓦，是全球海上风力发电装机容量增长最快的国家。

水电水利规划设计总院发布的统计数据显示，到 2020 年，江苏、浙江、福建、广东、上海等省市海上风力发电开工规模会突破 7800 万千瓦，相当于建造 3.4 个三峡水电站。

海上风力发电能够快速发展，是因为我国海上风力发电从研发到建设的整体水平提升。

在海上风力发电机组研发方面，金风科技、上海电气、东方电气等一大批企业已经有能力生产适应我国沿海复杂海洋环境的 5000 千瓦以上的大容量机组，不再依靠国外进口。

在施工方面，中交三航局、龙源振华等通过参与上海东海大桥、福清兴化湾海上风力发电场的建设，在海洋施工、大型海洋施工设备制造方面也积累了许多成功经验。

海上风力发电开发的技术含量很高，涉及高端装备制造、高新技术研发、基础科学、材料科学、空气动力学等多个前沿科学领域，需要不断完善全产业链，实现全产业链深度融合发展，才能有健康成熟的发展。

如东海上潮间带风力发电场

我国海上风力发电按照潮间带风力发电场、近海风力发电场、深远海风力发电场的发展路径逐步推进。

我国近海风资源条件和海床地质条件不如欧洲的一些国家，因此，更有必要在远海深水风力发电技术领域提前谋划，提早储备。

2016 年，离岸距离 23 千米，华能国际的江苏如东八仙角海上风力发电项目率先开启了我国在远海风力发电领域的探索。

江苏盐城的大丰海上风力发电项目吊装的首台风力发电机离岸 70 千米，打破了海上风力发电施工国内离岸距离最远的纪录。

但是，开发远海风力发电资源需要深厚的技术积淀。目前，在近海区域的规模化发展将为风力发电走向深水远海积累必要的经验。

近年来，我国海上风力发电发展由近海到远海，由浅水到深水，由小规模示范到大规模集中开发，每一步都稳扎稳打，积累了丰富的经验。

未来，我国海上风力发电将迎来更大发展，成为海洋经济的重要产业。

海上风力发电与陆地风力发电一样，具有波动性、间歇性和不规则性，要想有稳定的电力输出，就需要解决海上风力发电储能的问题。

目前较为先进的储能技术是德国弗劳恩霍夫研究所研发的海上风电抽水储能系统。

这套系统将放入深水处的空心球作为储能体，利用深水处的海水压力储能。

当需要储能时，用电力从球体中抽水；当需要释放能量时，水流通过涡轮机再返回到球体，驱动发电机发电。

这一技术的缺点是应用范围窄，只适合深水区，因为水越深压力越大；而且需要转换三次能量——风能转换成电能，电能再转换成机械能抽水，水能再转换为电能，效率很低。

我国推出"浮力与重力复合蓄能式海上风力发电系统"，利用海水的浮力进行储能。

海上有风，电网处在用电高峰期时，风力发电系统正常工作，风扇带动发动机发电。海上有风，电网处在用电低峰期时，动力通过系统传输，将浮筒压入海水中，同时将装满海水的水斗提出海面，利用海水的浮力和重力，将动力储存起来。海上没有风，电网处在用电高峰期时，浮筒由于海水浮力的作用，向上产生动力，同时水斗由于海水重力的作用，向下产生动力，储存的能量就能被释放出来。

微信扫码

◀◀◀ 想看更多让孩子着迷的科普小知识吗？
★ 活泼生动的科技能源百科
★ 有趣易懂的科普小知识

利用海水向上可产生浮力，向下可产生重力的特点，我国因地制宜地设计了这套系统，既适合深水区，也适合浅水区，同时能量直接转换，效率高。

漂浮式海上风力发电

随着海上风力发电机走向深海，水深增加，固定式风力发电机的建造安装费用也将急剧增加。

在水深超过 50 米的海中，用固定打钻、浅滩着床的方式建设风力发电场，成本昂贵，不具备优势。因此，**在风大浪高的深远海，利用海洋浮力的漂浮式海上发电成为首选。**

漂浮式海上风力发电，它可是一出生就带奖状的"优等生"，奖状有：

风机位置灵活奖　　由于不用固定位置，风力发电机可以灵活选取风能密度最大的区域，只需要常规的系泊系统和锚链就可适用于所有的环境情况。

提升发电量奖　　既然能随时更换位置，找到更强劲、更稳定的风能，当然就能发出更多的电。

降低环境影响奖

安装海上风力发电机时无须打桩或钻孔，对环境没有损害，简单快捷，对海洋生物影响小，并且可以完全拆解。离岸距离远，可以远离渔业区、旅游区，对海岸景观影响有限，对近海海事业务也没有什么影响。

漂浮式海上风力发电设备制造、安装成本低。可以利用现有港口设施，先把风力发电机在岸上组装好，再用船舶拖运至机位后下水。无须海上和水下建造，受天气影响程度低。

漂浮式海上风力发电还可以和海上油气平台相连，直接为海上油气平台供电，给钻探设备提供强大动力。

当前，全球海上风力发电市场发展迅猛，欧洲是海上风力发电的发源地，也是开发最充分、技术最成熟的区域。

以英国、德国为代表的欧洲国家从 2000 年以来就开始大力发展海上风力发电技术，2018 年装机总量达 1850 万千瓦，占全球海上风力发电总装机容量的 80% 以上。

2018 年我国海上风力发电总装机容量为 445 万千瓦，在建 647 万千瓦，已成为仅次于英国和德国的世界第三大海上风力发电国家。

中国人参与建设的英国海上风力发电站

历时三年，总装机容量为 58.8 万千瓦的比特瑞斯（Beatrice）海上风力发电项目，位于苏格兰北部马里湾，距离海岸线 13 千米，这一带海域常年平均风速为每秒 9 米以上，因此比特瑞斯项目投产后成为苏格兰最大、世界第四大海上风力发电项目，将为当地 45 万户家庭提供清洁能源。

这座海上风力发电场有中国企业国投电力的参与。风机采用导管架基础，水深达 56 米，堪称全球最深的固定式基础海上风力发电场。

比特瑞斯海上风力发电场正在安装的风力发电机

随着海上风力发电成本的迅速下降，其在各地区能源市场占据的份额逐步扩大。

据测算，全球海上风力发电年新增装机容量到 2050 年将会大幅增加，达到 450 万千瓦，年均投资规模约 800 亿美元，届时全球海上风力发电量将占风力发电量的 1/5。

此外，由于海上风力发电行业激烈的竞争以及竞标方式的推行，海上风力发电每度电的成本将保持继续下降趋势。

相对保守的国际能源署（International Energy Agency）表示，海上风力发电将不断在全球能源版图中扩大比例，预计到 2040 年可达到 200 吉瓦的庞大装机容量。

风不止而能源不绝

风很常见，风能也早已被我们的祖先利用。风力发电，这种老牌清洁能源，似乎也被广大群众所熟悉。

在编写新能源的这套丛书时，我被无数次询问：风力发电还有什么可写的？不就是风吹叶片转这么简单的事情嘛。

然而，深入到风力发电领域去研究，我却发现事情远没有那么简单，其中的技术细节，不是我这本小册子可以一一道来的。我只能勾勒出风力发电的概貌，并对为风力发电寻找更高效运行模式的科学家和工程师们表示钦佩。

山重水复处，柳暗又花明。

从千瓦到兆瓦，再到吉瓦级别，风力发电机一次次提高发电能力；与储能技术配合，去海上建立风力发电场，最终，为我们源源不断供应清洁的能源。

现在，每当风吹脸庞，我眼前便浮现出青山间、海面上各种风车的白色身影。